CRITIQUE

SUR LA

DISSERTATION

DU

SIECLE PROCHAIN,

ET SUR

LA CRITIQUE DE M***,

BACHELIER EN THEOLOGIE.

A PARIS,

Chez JEAN MUSIER, ruë de Petit-
Pont, à l'Image Saint Antoine.

M. DC. XCIX.

AVEC PERMISSION.

CRITIQUE

Sur la Dissertation du Siecle prochain, & sur la Lettre de M *** Bachelier en Theologie.

L'ESPERANCE que j'avois conçuë de trouver quelque chose qui pourroit satisfaire ma curiosité, m'a porté à lire & relire la Dissertation sur le siecle prochain, & la Lettre critique que l'on y a réponduë, sans y avoir rien rencontré qui meritât que l'on y fît quelque attention. Je n'ay pû m'empêcher de rire, puisqu'il faut avouer ici mon foible, lorsque j'ay consideré les pauvres raifonnemens dont fe font fervi les Auteurs Anonymes de ces Ecrits fi curieux & fi inftructifs. En effet, y a-t-il jamais eû quelqu'un affez deftitué de bon fens, & dépourvû d'efprit, pour faire des objections auffi ridicules que font celles que l'Auteur de la Differtation dit luy avoir été propofées , & pour y repliquer d'une maniere fi abfurde que ce Bachelier y a répondu. Il n'y a qu'à jetter les yeux fur les Ecrits de ces pretendus Auteurs , pour dire hautement, que les perfonnes les plus groffieres auroient pu établir d'une maniere plus nette toutes ces difficultez, pourvû qu'ils euffent voulu y faire un peu d'attention.

Ceux qui affurent, dit l'Auteur de la Differtation, que 1700 eft la premiere année du fiecle prochain, raifonnent ainfi. On ne compte un an, qu'aprés qu'il eft fini, & cent ans qu'aprés qu'ils font écoulez & accomplis. On ne dit point qu'un enfant ait un an qu'à la fin des douze mois depuis fa naiffance. Donc on n'a commencé à compter un an qu'à la fin des douze mois depuis la naiffance de JESUS-CHRIST; & par confequent on n'a compté cent ans qu'aprés que les cent ans ont été expirez. Il en eft de même de tout autre fiecle fuivant. Il faut donc conclure, difent-ils, que lorfqu'on commencera à compter 1700., le le dixfeptiéme fiecle sera fini. Donc l'année 1700 toute entiere appartient au siecle suivant, à la fin de laquelle on commencera à compter 1, ou 1701, c'est-à-dire, qu'il y aura alors une année déja écoulée.

Les autres, au contraire, disent : On n'a point dû attendre que la premiere année de l'Epoque ait été finie, pour compter un. On a appliqué l'unité depuis le commencement jusqu'à la fin de l'année ; l'usage même nous en convainc : car ne dit-on pas, par exemple, 1699 depuis le mois de Janvier jusqu'au mois de Decembre. Donc 1699 ne sera fini que quand on cessera de le compter. De même le mois de Janvier de l'année 1700 ne sera que le commencement de la derniere année du siecle, qui finira précisément lorsqu'on cessera de compter 1700 ; & par conséquent le siecle prochain ne doit commencer que dans le moment qu'on comptera 1701.

Quelques personnes ont prétendu decider la question, en disant, que les huit premiers jours depuis la naissance de Jesus-Christ jusqu'à sa Circoncision, ont passé pour une année, & qu'on a compté un dés le premier Janvier jour de la Circoncision du Sauveur. Mais ni les uns ni les autres n'ont encore regardé la question dans son jour.

Aprés avoir vû des difficultez aussi belles & aussi bien

expofées que celles-là, y a-t-il lieu d'être étonné si les perfonnes qui ont le goût bon & delicat prennent plaifir à lire les Ecrits d'un femblable Auteur, qui faifant un galimatias fous ce titre pompeux : *Solution du Problême*, où on ne connoît rien, croit cependant, aprés avoir étourdi le Public par ces mots, *nombre cardinal, nombre ordinal*, par ces queftions faites par *combien*, par *quand*, & en *quel lieu*, par ces cadrans *équinoxial* & *aftronomique*, & par mille autres pauvres exemples de Geometrie que je paffe fous filence par un pur efprit de charité, & crainte, en les raportant, d'ennuyer le Public ; croit, dis-je avoir fatisfait à une difficulté qu'il a remplie de tenebres en voulant l'éclaircir.

Mais si l'Auteur de la Dissertation a si bien réüssi dans ce qu'il a voulu donner au Public, on peut dire que celuy qui y a répondu par une Lettre critique n'a pas moins bien réüssi, pour ne pas dire mieux. S'il laisse son nom en blanc, c'est parcequ'il apprehende, & avec juste raison, la censure des Gens d'esprit , & qu'il craint d'être mesuré à la même aûne qu'il a mesuré son adversaire ; & s'il se sert de la qualité de Bachelier en Theologie, c'est qu'il prétend donner par là plus de poids & plus d'autorité à ses Ecrits, ne se mettant pas en peine s'il expose cet honorable nom à

la raillerie du Public. Il se
plaint que l'Auteur de la
Dissertation, en voulant entreprendre de défendre la verité, l'a exposée au naufrage,
en la défendant mal, & en
préferant aux raisons solides
& convainquantes de foibles
preuves qui la font perdre de
vûe, & ne la font voir qu'à
travers de l'obscurité d'un nua-
ge affreux. Mais l'on peut dire
que dans le moment qu'il fait
un tel reproche à son adversaire ; qu'il couvre luy-même
cette difficulté d'une nuée si
obscure, qu'elle nous fait perdre tout-à-fait ce que nous
avions commencé à entrevoir,
& que lorsqu'il a accusé l'autre de s'être fait un fantôme
pour avoir le plaisir de le com-

battre, qu'il s'eſt fait luy-même un cahos épouventable,
dans le deſſein de l'éclaircir.

Si on a commencé, dit-il,
à compter cent ans aprés qu'ils
ſont expirez, il faut neceſſai-
rement conclurre que quand
on commence à compter 1700,
le dixſeptiéme ſiecle ſera commencé : car ſi le dixſeptiéme ſiecle commence, il ne
peut être fini. Il n'eſt pas ne-
ceſſaire, pourſuit-il, de ſçavoir ce que c'eſt que l'Ere
Chrêtienne, ni quand on a
commencé à compter les années depuis la naiſſance de
JESUS-CHRIST : il ſuffit de
ſçavoir qu'on compte commu-
nément depuis la naiſſance de
JESUS-CHRIST juſqu'à pre-
ſent 1699 ans commencez. Et

quoiqu'il soit indubitable que Denis le Petit, qui a fait le Calendrier pour compter par les années de JESUS-CHRIST, plûtôt que par celles des Consuls, ait mis la naissance de JESUS environ quatre ans plus tard qu'il ne falloit, c'est toûjours la même question. Cela supposé, je dis, qu'en comptant par l'Epoque de Denis le Petit, qui est celle que nous suivons, l'an 1700 est la fin du siecle, & 1701 est le commencement du siecle prochain. Je le démontre : 1700 ans accomplis font 17 siecles accomplis : or dans 17 siecles accomplis il n'y a rien du 18e : donc l'an 1700 fini n'est pas le commencement du siecle prochain. Il en est de même du nombre des années accomplies , que du nombre, par exemple, de moutons, de bœufs, de livres, &c. Or on ne peut pas dire qu'une centaine de moutons , de bœufs, de livres , &c. soient le commencement d'une seconde centaine : donc 17 siecles accomplis n'ont rien du 18e : donc 1700 ne peut être le commencement de 1701. L'unité est le commencement de tous les nombres tels qu'ils puissent être : donc la premiere année aprés 1700 accomplis , commence le siecle suivant. De plus , si 1700 commencoit le siecle prochain, l'an 1699 accompliroit le 17e siecle ; ce qui seroit aussi ridicule, que si on disoit, que quatrevingts - dix-neuf livres font cent livres.

Voilà ce que dit, si je ne me trompe, ce fin Critique, qui donnant carriere à son éloquence ose assurer d'avoir ôté de l'esprit de quelques personnes la difficulté que la Dissertation y auroit fait naître touchant le siecle prochain. Mais en verité, aprés avoir si bien établi ces raisonnemens, devoit-il, pour les appuyer, se servir d'une aussi basse comparaison que celle de moutons, de bœufs, & de livres ? Qui a jamais entendu dire que l'on comparât les années & les siecles à des moutons & à des bœufs ? Que croit-il à present que le Public puisse dire de luy, sinon qu'il a deshonoré la Sorbonne, en voulant entreprendre d'éclaircir de si frivoles queſtions, qui, comme il le marque luy-même, ne meri-toient pas qu'on y pretât l'o-reille, n'ayant rien de ſolide, rien d'édifiant, & rien qui contentât l'eſprit.

Si j'ay entrepris de raporter ici ces differens raiſonnemens, ce n'eſt pas que j'aye eû la moin-dre penſée d'entrer en lice & de conteſter avec ces Auteurs. Je me contente d'admirer leurs Ecrits, ſans vouloir decider une queſtion que les perſonnes les plus habiles ont laiſſée in-deciſe ; non pas, comme ſe l'eſt imaginé l'Auteur de cette Diſ-ſertation, qu'ils ayent trouvé cette difficulté & ſi grande & ſi embaraſſée, qu'ils n'ayent oſé en dire leur ſentiment ; mais parceque regardant cette grande difficulté comme une chimere qui ne meritoit pas leur attention, ils ont cru qu'il étoit inutile d'en parler, & de vouloir resoudre une chose qui n'a jamais fait de doute parmi les Gens d'esprit : & c'est pour suivre leurs sentimens, que je croy, qu'il est inutile de raporter ici tous les differens raisonnemens que chaque particulier forme selon sa fantaisie ; étant tres certain que pour qu'un siecle soit accompli, il faut cent ans, & que par consequent le siecle commence à un. Pour ce qui est de sçavoir si nous avons encore deux années du siecle, ou si nous le finissons à la fin de cette année, il faut recourir à la Chronologie pour decider cette question, quoi-

que presque tous les Sçavans
conviennent, que nous avons
encore deux années du siecle;
& qu'ainsi nous ne le commen-
cerons qu'à la fin de l'année
qui vient. J'espere que l'Auteur de la Dissertation & Mr
le Bachelier en Theologie don-
neront cette Chronologie au
Public , pour éclaircir cette
difficulté qu'ils ont si bien obs-
curcie.

F I N.

*Permis d'imprimer. Fait ce
vingtneuviéme jour de Mars 1699.
M. R. D'ARGENSON.*

De l'Imprimerie de Jean de Saint Aubin,
rue Bouclerie, près le Pont S. Michel.